推荐序

"大师不缺崇拜，大师只欠超越！"我很喜欢这句话。

"周老师，这本书我家孩子能看懂吗？那本书适合我家孩子看吗？"我在闲暇时会帮小朋友们推荐一些物理方面的科普读物，每次看到这样的留言，我都不知道该怎么回答。我在想，不正是因为不懂、不知道和不了解才去学习和阅读的吗？都明白了就不用看了呀。只要孩子感兴趣就好，而孩子对阅读的兴趣往往是家长在潜移默化中培养出来的。在这里借用曹则贤老师的一句话："把一本看不懂的书看完是一个大学者的基本素养。"学习不正是如此吗？书读百遍，其意自现。

说到这里，小朋友们千万别以为这本书很难，更别被"量子"二字挡在了门外。当你走进这本书时，会发现作者用通俗易懂的文字、生动有趣的图画，将你带进一个奇妙的量子世界，让你尽情徜徉在探索最小粒子（目前科学家所能探索到的）的奇妙旅途中。

自 1900 年普朗克提出"量子"的概念，百余年间量子科学所引发的科学变革之风席卷了整个物理学界，更吸引了无数科学家的热情投入。从黑体辐射实验，到正在运行的大型强子对撞机（LHC）实验，量子理论经历了百年的波澜壮阔、异彩纷呈，已经逐步成为现代物理学中最重要的理论之一。奇妙之处令人感到不可思议，完美之处又令人神往。

现在我们就来正式认识一下热词"量子"。用专业语言说，量子即离散变化的最小单元。那么量子究竟是什么呢？如果一个事物存在最小的、不可分割的基本单元，我们就说它是"量子化"的，并把最小单元称为"量子"。因此量子并不是某种特定的粒子。我们日常见到的物质是由原子组成的，原子又由原子核与电子组成，原子核则由中子和质子组成。难道量子就是比电子、质子和中子更小的粒子吗？当然不是！当我们说某个粒子是量子的时候，一定要针对某个具体的事物，说它是这个事物的量子。

如果早餐妈妈规定你只能吃整颗的馄饨，那么一颗馄饨就是一个量子；当你上楼梯时，一个台阶就是一个量子；对于你小时候脖子上戴的金锁来说，金原子就是金的量子；当然光子就是光的量子。所以你不能问量子比电子、质子、中子大还是小。

迄今为止，科学家发现量子化的现象普遍存在于微观世界中。实际上量子化是微观世界的本质特征。纳米尺度以下的物质组成了微观世界。我们能够看得到、摸得着的物体就属于宏观世界，也就是我们日常生活的世界。微观世界都有些什么呢？分子、原子、电子、质子、中子、夸克等，这些微小的粒子就是微观世界的居民。这些小粒子遵循的规律就是我们常说的量子物理。

常听到前辈们感慨，少年时没书读，年轻时又在一些荒唐的课程上耗费青春，一些可怜的物理知识还是自己在黑暗中摸索出来的。在这充满机遇的时代，希望小朋友们能有更多的时间投入到物理学习中，为祖国的科研事业努力奋斗，为物理学的发展添砖加瓦。如果能把你的名字和那些伟大人物的一起印在物理学的史册上，那该是多么激动人心啊！

小朋友们，去超越大师吧！去和宇宙中最小的东西一起旅行吧！

周思益

2024 年 8 月 16 日于重庆

这就是
量子物理学吗？

宇宙中最小粒子的奇妙之旅

[英]克里斯托弗·埃奇◎著　[英]保罗·戴维兹◎绘

周思益　张宇◎译

湖南少年儿童出版社

长沙

欢迎来到量子宇宙

从最大的星辰到最小的尘埃，宇宙中的万物都是由原子组成的。 包括你！

如果没有非常非常强大的显微镜的帮助，你是看不到原子的，这仅仅是因为原子实在太小了。在很长的一段时间里，科学家认为原子是世界上存在的最小的东西。

但是在原子里面，还有一些更小的粒子，比如说质子、中子和电子。 在质子和中子里面，你可以找到我，一个夸克！

原子到底有多小呢？我给你一个直观的数据吧。 一粒沙子可以包含 4.3×10^{31} 个原子。 那可是 43,000,000,000,000,000,000,000,000,000,000 个原子！

夸克是基本粒子，这意味着夸克不能再被分割成更小的粒子了。 一些基本粒子，包括像我这样的夸克，是物质粒子，是组成我们整个宇宙的砖块。 另外一些基本粒子是力粒子，比如说光子和胶子。

小小的真有趣

如果你能像粒子一样行动，你就可以在读这本书的同时还在另外一个房间打游戏，从一个地方传送到另一个地方，甚至穿过一堵坚固的墙！

这可能听上去像是科幻，但是我和我的朋友们的奇异行为为宇宙提供了动力。这就是太阳发光和智能手机工作的原因。

科学家们对于我们这种亚原子粒子（比原子更小的粒子）非常感兴趣，并把我们遵循的规律称为量子物理。

在这本书中，我将带你进行一次震撼心灵的探险之旅。我们将从宇宙大爆炸开始，一直穿越到黑洞的核心，甚至在人类有史以来建造的最大机器内进行一场竞赛。我们还将在一个平行世界中做短暂停留，你甚至会了解到为什么猫可以同时处于死亡和活着两种状态……所以让我们一起进入量子宇宙吧！

我们的探险之旅将始于 138 亿年前，就在宇宙诞生的瞬间。

宇宙是存在的一切，它非常大，包含着数千亿个星系、数万亿颗恒星和无数的行星，包括我们所在的地球。但科学家认为，宇宙最初是一个微小的点，比我还要小得多，而且非常炽热。

宇宙大爆炸时，这个微小的宇宙迅速变得非常大。在不到百万分之一秒的时间里，宇宙就扩张到了太阳系的大小。

太阳

15,000,000 摄氏度

（在太阳核心处）

138 亿年前的宇宙

100,000,000,000,000,000,000,000,000,000,000 摄氏度！

（好多零啊！）

冷却

随着宇宙不断膨胀，它也开始冷却下来。然后，一些非常重要的事情发生了。超快速的夸克的速度减慢到足以被强核力捕获。这种力由另一种被称为胶子的粒子所携带。胶子将夸克粘在一起，形成全新的粒子，也就是质子和中子。与电子一起，这些是构成我们所需原子的基本组成部分——而这些原子随后可以用来组成宇宙中的所有物质。而所有这一切都始于一瞬间。真是棒极了！

小心！

这个早期宇宙就像一碗巨大的亚原子汤。随着能量的迸发，粒子不断地成对出现：夸克和我们的邪恶双胞胎——反夸克！

每当夸克和反夸克相遇，麻烦就来了。两种粒子都被摧毁，并释放出大量能量。

夸克和反夸克总是在高速地四处穿梭，它们不断地相互碰撞。如果夸克和反夸克的数量相等，它们就会被全部毁灭，那么宇宙现在将是完全空无一物的，也就不会有人来读这本书了！因此，科学家们认为，在早期的宇宙中，夸克的数量一定要比反夸克的数量多。我们赢了！

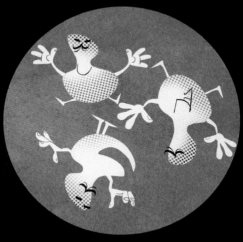

质子是由两个上夸克和一个下夸克组成的。

中子是由一个上夸克和两个下夸克组成的。

原子内部

宇宙万物都由原子构成，但原子又是由什么构成的呢？
嗯，你需要三种特殊
类型的粒子和
一点力！

构建原子所需的亚原子粒子分别是质子、中子和电子。嘿，大家好！

测量量子世界

如果有人问你身高多少，你可以以米和厘米为单位来告诉他们。但是米、厘米，甚至毫米，都太大了，无法测量像原子和粒子这样超级小的东西。我们需要一把更小的尺子……

让我们开始纳米之旅

1纳米是1毫米的一百万分之一。我们使用纳米来测量诸如病毒、计算机芯片上的晶体管和其他只能在显微镜下才能看到的微小物体。

微乎其微

1皮米是1毫米的十亿分之一。水分子由两个氢原子（2H）和一个氧原子（O）组成。这就是我们在科学上把水表示成 H_2O 的原因。一个水分子的直径约为 275 皮米。

火花四溅

一些闪亮的火花给质子和电子赋予了电荷！质子带有正电荷，而电子带有负电荷（中性的中子不带任何电荷）。一种叫作电磁力的东西使相反的电荷相互吸引，正是这种力使原子结合在一起。它让电子绕着质子飞速旋转，好像电子在试图给质子留下深刻印象一样！

质子和中子位于原子的中心，也就是原子核。质子和中子在强核力的作用下结合在一起，它就像超级胶水一样。电子绕着原子核飞速旋转。有点像洋葱，这些电子存在于不同的层中，这些层被称为壳层。每个壳层最多只能容纳一定数量的电子，当它装满后，又会出现一个新的壳层。最初形成的是最简单的原子：氢原子和氦原子。

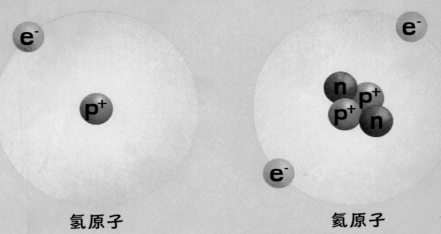

氢原子　　　　　　　氦原子

微小的亚原子尺度

1 飞米是 1 毫米的一万亿分之一。质子的直径略小于 1 飞米，中子也是如此——但中子比质子稍微大一点。但电子更小——小到科学家把它们视为没有实际大小的微小点。

普朗克时间

还有一种叫作普朗克时间的东西，它是时间的最小可能单位。一秒钟包含大约 100,000,000,000,000,000,000,000,000,000,000,000,000,000,000 个这样的单位！

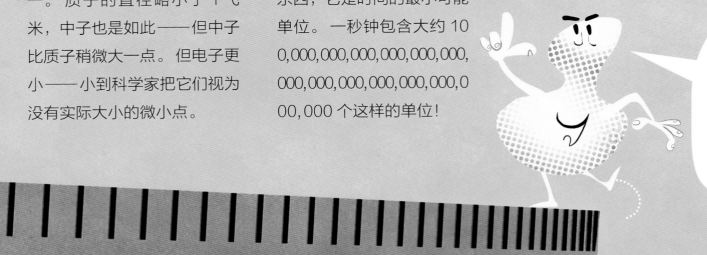

注意！当你深入观察一个原子的内部时，就会惊讶地发现那里很空。原子内部的大部分都是空的！因此，构成万物的原子大部分都是由"虚无"组成的！

恒星如何形成

恒星是一个巨大的气体球，能产生光和热。在阳光明媚的日子里，你会在天空中看到离我们的星球最近的恒星——太阳！

在夜晚，你可能会看到成千上万的恒星。但在宇宙大爆炸之后的最初一亿年里，没有光，存在的原子只有氢和氦。宇宙仍在膨胀，自然中的另一种力才真正让它闪闪发光！

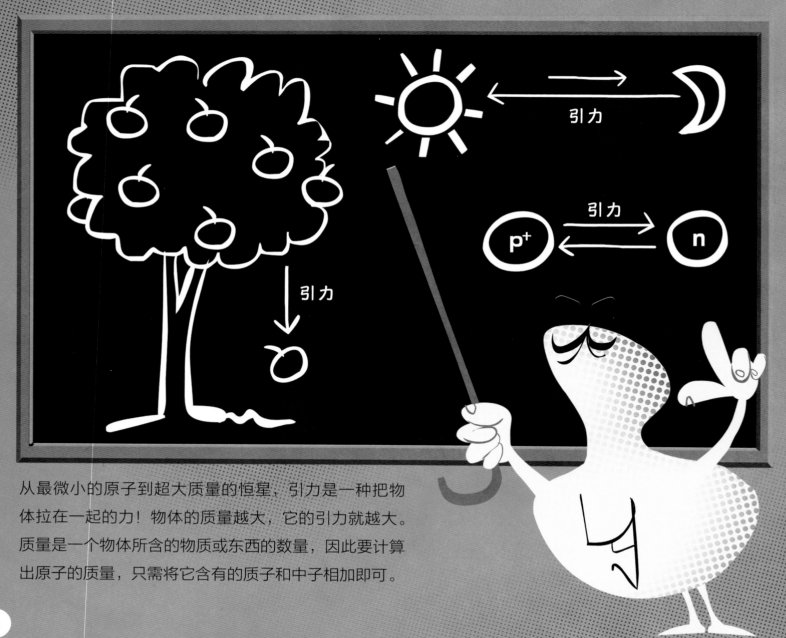

从最微小的原子到超大质量的恒星，引力是一种把物体拉在一起的力！物体的质量越大，它的引力就越大。质量是一个物体所含的物质或东西的数量，因此要计算出原子的质量，只需将它含有的质子和中子相加即可。

点亮宇宙

在宇宙的早期阶段，和现在一样，氢原子的数量远多于氦原子，且它们在部分区域分布得比较密集。这些密集的团块，其质量大于原子分布更均匀的区域。引力的作用使得更多原子聚集到每个团块中，使它们变成巨大的团簇，然后形成庞大的旋转气体云团。在这些云团内，一些非常有趣的事情开始发生……

恒星诞生时，引力会将氢原子团更紧密地聚集在一起，直到它们聚合成氦。

随着引力将原子在核心处挤压，足够大的气体云团坍缩，开始变成恒星！原子受到更大的挤压，温度不断升高，变得比我们的太阳还要热。在这种无法想象的高温下，氢原子核聚变成氦原子核。这一过程产生了大量的能量，并以热和光的形式释放出来。

科学家称之为核聚变。它是使每一颗恒星都熠熠生辉的力量源泉！

注意！如果你有一个以上的原子核，你就可以叫它们"多核"！

万物的璀璨盛宴！

从行星和恒星到摩天大楼和鲨鱼，宇宙中充满了万物！

万物都由原子构成，它们以三种不同的形式存在：固体、液体和气体。你得到的是哪种固体、液体或气体，取决于其中的原子。要找出你得到的是哪种原子，你需要数一数它的质子。氢原子只有 1 个质子，而铅原子有 82 个质子，它是重金属！

让我们从硬邦邦的东西开始——固体！在固体中，所有的原子都排列得井井有条，紧密地结合在一起，并且总是保持在相同的位置。这就是为什么像这个铁块这样的固体会有形状。哎哟！

接下来是湿漉漉的东西——液体！在液体中，原子仍然是相互接触的，但不像在固体中那样紧密，原子可以在彼此之间滑动。这种滑动的特性使你能够倒出一杯沁人心脾的饮料。干杯！

最后是气体——其中一些构成了你现在正在呼吸的空气！在这个氦气球里，气体原子被进一步分散开来，并以极快的速度四处移动，只有在它们相互碰撞时才会短暂地接触。请让一下！

元素

当一种物质无法被分解成其他物质时，我们称之为元素。你周围几乎每一种元素（氢、铅或你呼吸的氧气中的氧）都是由恒星产生的。在恒星的超热、超密集的区域（核心），原子被紧密挤压在一起，它们聚变创造出全新的元素！

迎接新生

在它们生命的大部分时间里，恒星将氢原子聚合在一起，形成全新的氦原子。但在所有氢原子都用完后，氦原子开始聚合在一起，创造出其他元素——碳、氧等！随着越来越重的元素的形成，恒星的核心变得越来越小、越来越热……最终变成了铁。

有时，在恒星生命的最后一刻，其核心内的原子被挤得如此之紧，以至于恒星会发生爆炸，将其已经产生的所有元素抛向宇宙，并创造出新的元素，如银和金。这种超级热、超级大的爆炸被称为超新星爆炸。

要有光！

我想向你介绍我的一位朋友，它真的给我的生活增添了光彩。来认识一下光子！

光子是光的基本粒子，但它也可以表现得像一种波。听起来有点难以理解，对吧？好吧，让我们稍微了解一下！

电磁波谱

我们眼睛看到的光被称为可见光，但这只是电磁辐射的一种。

无线电波的波长最长，可以传输电视信号以及你在收音机中听到的歌曲。一条无线电波的长度可以有英吉利海峡那么长！

微波可以加热你的晚餐，但它们也被用于通信。从手机通话到卫星广播，微波辐射帮助我们保持联系。

红外线传递热量。你用肉眼看不见它，但在一个阳光明媚的日子站在户外时，你会感觉到它照射在皮肤上的温暖。你的电视遥控器也是靠它工作的！

电磁辐射

光是一种被称为电磁辐射的能量形式。它以波的形式传播。就像海浪一样，这些电磁波可以通过两种不同的方式进行测量。

波长是从一个波的峰到下一个波的峰的距离。

频率是在一定时间内通过某一点的波的数量。

长波频率低，短波频率高。频率越高，能量越大。

上面的绿波的频率是红波的两倍，但波长只有红波的一半。

可见光位于电磁波谱的中间，由红、橙、黄、绿、蓝、靛和紫几种光组成。不同颜色的光具有不同的波长。

紫外线可以杀死有害的细菌，但也会晒伤皮肤。一些动物，比如蝴蝶，可以看到紫外线。

X射线是一种高能辐射波，可以穿过固体，包括人体！医生使用X射线拍摄骨折的照片，而天文学家在寻找黑洞时也会在太空中寻找X射线。

γ射线波长很短，频率很高。这些高能γ射线可以用于治疗癌症等疾病。

光年和时间旅行

在虚无的太空中，光子以每秒 299,792 千米的速度匀速前进，也就是每小时超过 10 亿千米！

如果你能像光子一样快速旅行，你就达到了所谓的"光速"，可以在不到一秒钟的时间内环游地球七圈！但由于你有质量，所以你永远无法以光速旅行。移动你所需的能量会变得越来越大，最终趋于无穷大。

光年被天文学家用来测量宇宙中的超长距离。光年是光子在一年内所走的距离。离太阳最近的恒星是半人马座比邻星，它离我们有惊人的 40,208,000,000,000 千米。从这颗恒星发出的光需要 4.25 年才能达到地球，因此我们说地球与半人马座比邻星之间的距离是 4.25 光年。

我们所在的星系，也就是银河系，直径约为 100,000 光年，而天文学家估计整个宇宙（我们能看到的所有部分）宽度达到了令人难以置信的 930 亿光年！

光子可以永生

从光子诞生的那一刻起，它就以光速传播，直到被吸收。当你仰望夜空中的星星时，你看到的光子可能已经飞行了数百万年，直到它们撞击你的眼睛的那一刻。

光子揭示了过去！

每当一个光子撞击你的眼睛时，就会给你带来有关它来自何处的信息。这就是你看到周围世界的方式。当你仰望星空时，你看到的正是光子踏上旅程的那一刻，也许是数百万年前。这意味着光子能让你看到过去！

巨星、矮星和一些超大质量的恒星

就像你们人类一样，恒星也有不同的大小。

从超巨星到只有其一小部分大小的奇异星，宇宙中可能有超过 1×10^{16} 颗星星！你有没有想过，当一颗恒星的燃料耗尽时会发生什么？这完全取决于恒星有多大……

红巨星

质量与太阳相当的恒星首先会成长为红巨星。在这些恒星中，核心处所有的氢原子已经被用完，因此现在外层的氢原子也开始聚变成氦了。这使得恒星变得更大更亮。

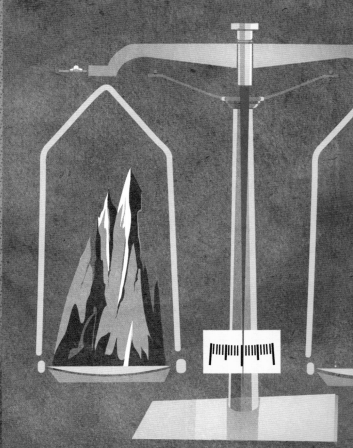

如果这个圆点·

代表我们太阳现在的大小，那么这个气球就代表太阳将来的大小！数十亿年后，当我们的太阳变成红巨星时，它将吞噬水星、金星，甚至地球！

白矮星

红巨星不能永远存在。它的外层会慢慢飘离到外太空，留下一个可能比地球还小的核心。这就是恒星所剩下的全部，被称为白矮星。

中子星

比红巨星更大的恒星被称为超巨星。这些巨大的恒星不会变成白矮星，而是在发生超新星爆炸时变成中子星。这个奇异的旋转球体只有一个城市的大小，通常直径只有 20 千米左右。不过，不要被它的大小所迷惑，这颗中子星仍然比我们的太阳还要重。由于它所有的质量都被挤压到了一个非常狭小的空间里，所以现在它是超级致密的！

只要一汤匙来自中子星核心的物质，其重量就可以与珠穆朗玛峰相当！

脉冲星

一些中子星会从它们的南北磁极喷射出高能辐射束流。天文学家只能在这些辐射束流直接指向地球时才能探测到它们，而且由于中子星旋转得非常快，这些辐射束流看起来像是一闪而过的辐射脉冲。这有点像看一个被卡在快进状态的灯塔！这种类型的中子星被称为脉冲星。

注意！有史以来探测到的最快脉冲星每分钟约旋转 40,000 次，因此这颗星球上一天的时间远远不到一秒钟！

黑洞

现在是时候踏上一段前往宇宙中最奇异之地的旅程了。

黑洞是宇宙中最大的一类恒星爆炸后留下的遗迹。黑洞内部的引力非常强大，甚至连光都无法逃脱，这使得黑洞难以窥见。天文学家认为每个星系中心都有一个超大质量的黑洞。我们银河系中心的黑洞被称为"人马座 A*"。别担心，它离我们有超过 25,000 光年的距离！

不归点

每个黑洞周围都有一个不可见的边界，被称为事件视界。一旦越过这条不可见的界线，黑洞的引力会变得十分强大，以至于没有任何东西能够逃脱，包括光在内。

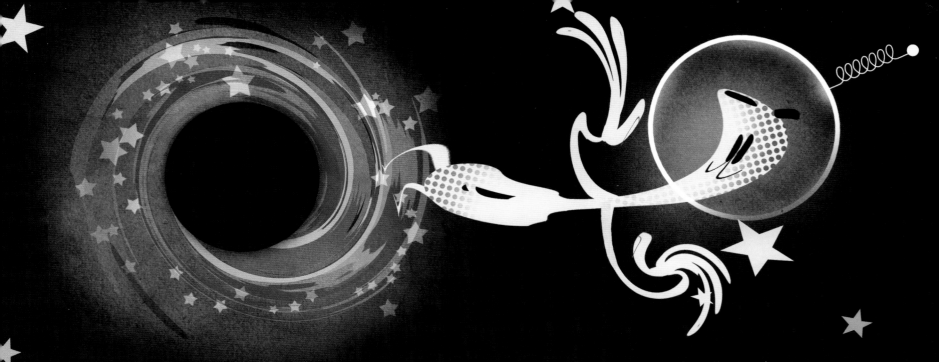

拉······伸······

如果你不幸地双脚先掉入黑洞，黑洞对你脚趾的引力将比对你头部的引力更强。这种引力差异将开始拉伸你，拉伸你身体中的所有原子，就像一根长长的意大利面条一样！这种现象被称为"意大利面条化"，所有落入黑洞中的物体都会发生这种情况。

无人区

黑洞最奇特的部分位于其中心。我们并不能真正知道黑洞内部发生了什么，因为我们无法看到内部。构成宇宙规则的数学公式在黑洞内部也不再有意义。一些科学家称这一点为奇点，还有一些科学家则假设我们会在那里找到一个虫洞——一个可能将黑洞连接到一个全新宇宙的隧道。也许有一天你会揭开这个谜团！

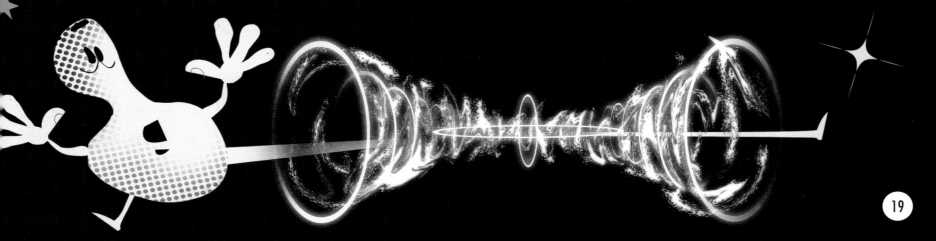

这根香蕉有辐射!

世界上大多数东西都有一点放射性——甚至这根香蕉也不例外!

它含有放射性的钾原子。 但不要把你的果盘扔出窗外! 一根香蕉发出的辐射量微乎其微。 你必须吃掉大约 5000 万根香蕉,辐射才会致命,而且是一次性吃完! 实际上,你体内的钾含量比香蕉还要多。

这意味着你也有放射性!

辐射是如何产生的？

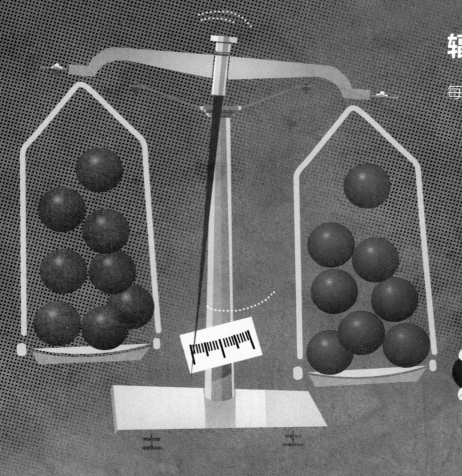

每个原子的中心都有一个原子核。它由质子组成，并且在大多数类型的原子中还有一些中子。在不稳定的原子中，这些粒子从原子核中脱离，这意味着该原子具有放射性！

这些粒子以辐射的形式释放出来。根据被踢出来的粒子的类型和所释放的能量，辐射有不同的类型。

α 辐射由 α 粒子组成。α 粒子是两个质子和两个中子（也就是氦核）粘在一起的团簇。

β 辐射由 β 粒子组成。β 粒子是电子或正电子（带正电的电子）。每当原子核中的一个多余的中子转变为质子，或一个多余的质子转变为中子时，这些高能粒子就会从原子中射出。

γ 辐射是 γ 射线的另一个名称。原子释放这些光子来消除由于原子核变化产生的能量。

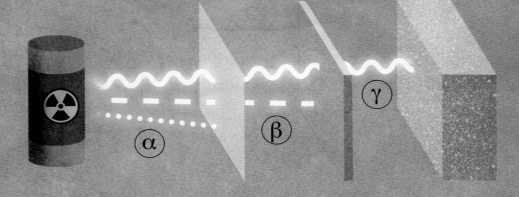

α 粒子可以被一张纸挡住，β 粒子可以被一块铝板挡住，γ 辐射则需要大约一米厚的混凝土才能挡住。

E=mc²

E=mc² 可能是科学界最著名的方程式。它由一位名叫阿尔伯特·爱因斯坦（Albert Einstein）的科学天才在 1905 年首次提出，并改变了世界。但它究竟意味着什么？

E 是能量。

c 是光速，小的数字²表示将它前面的值乘以自身。

m 是质量——一个物体内含有的物质的数量。

这个方程式告诉我们，物质可以转化为能量（能量也可以转化为物质）。事实上，最微小的原子也蕴藏着潜在的巨大的能量。但是你需要分裂原子才能实现这种转化。

分裂时刻

核反应发生在原子的中心——原子核。质子和中子由强核力紧密地结合在一起，分裂原子核会释放这种能量，这个过程被称为核裂变。你可以分裂任何元素的原子，但最容易分裂的是那些具有最大原子核的元素，例如铀。核裂变会留下危险的放射性废物。因此，请不要在家里尝试分裂原子！

让我们来分裂这个铀原子！

首先，我们用中子撞击由 92 个质子和 143 个中子组成的铀 235 原子核。

如果中子的速度恰到好处，它会被吸收，然后原子核会分裂成两个。这会释放出被锁在原子核内部的大量能量。

当原子核分裂时，还会释放出游离的中子。如果其中一个中子撞击到另一个原子核，它也会将其一分为二！这种情况可以持续发生，从而引发链式反应！在短短的一瞬间，就会释放出巨大的能量。

让我们连接

另一种核反应是核聚变。这与核裂变正好相反。核聚变不是将原子分裂开，而是将两个原子核聚合在一起，形成一个全新的原子。这个过程释放出的能量甚至多于核裂变！

如何看见粒子

你是否曾希望同时出现在多个地方？也许你仍然喜欢蜷缩在床上，同时又要在雨中等待校车。在量子世界里，一些粒子似乎可以同时出现在多个地方！

要确定电子的精确位置可能非常棘手。我们通常通过画图来表示电子，比如这张图就展示了一个氢原子，其中一个电子围绕一个由单个质子构成的原子核高速旋转。

然而，电子实际上是在原子核周围以云状分布的。这是一团概率云，它展示了电子可能存在的所有位置！

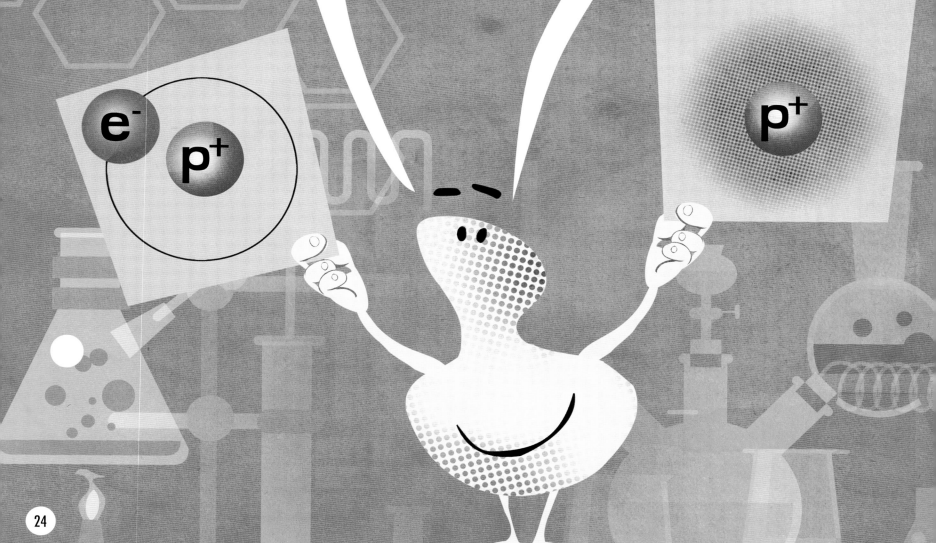

捉迷藏

有些科学家认为，只有在开始寻找电子时，电子才会决定
要出现在哪里。

我将发射一个单独的电子到屏幕上，屏幕会在电子击中的
确切位置亮起。但是我把屏幕放在了一个盒子里，以防止
任何人偷看。我们可以看到粒子被射入盒子的位置……

……并且我们可以看到它撞击屏幕的位置。但是，它是以什么
路径到达那里的呢？

电子像波一样在盒子的空间里传播。只有当你试图用屏幕来探
测它时，电子才会再次想起表现得要像一个粒子。

仅仅是看一眼就会导致概率波崩塌为一个点。而那个点就是你
找到电子的地方。

因此，一个电子可能同时存在
于许多不同的地方，但只有在
你没有看它的时候。量子宇宙
中的每一个粒子都是如此。

僵尸猫和平行世界

粒子怎么能知道你在观察它呢？物理学家埃尔温·薛定谔（Erwin Schrödinger）认为这太不可思议了，于是发明了一个实验来证明这一点。准备见见薛定谔的猫吧！

在这个密封的盒子里有：一瓶毒药、一把锤子、一个盖革计数器（用于测量辐射）、一坨铀，以及……一只猫。每一秒钟，铀都会有百分之五十的概率释放出一个放射性粒子。如果发生这种情况，盖革计数器会检测到辐射，并触发锤子，使锤子落下砸开毒药瓶。如果发生这种情况，猫就会死亡！

注意！别担心，在量子物理学的探索过程中没有伤害到任何真实的猫，这只是一个假想的实验！

制造僵尸猫的机器

但是粒子可以同时处于多个状态，并且只有当你观察粒子时，它所处的状态才会确定下来。在此之前，放射性粒子将处于两种可能的状态——衰变和未衰变——同时的！这意味着盖革计数器既检测到又未检测到辐射，锤子既落下又未落下，毒药瓶既破碎又未破碎，所有这些不同的可能性同时存在。在你打开盒盖看里面的情况之前，这只猫同时处于死亡和活着两种状态！

平行宇宙？

一些科学家认为，当你观察一个粒子以确定其位置或状态时，它可能存在的所有其他位置或状态并没有消失——它们实际上都存在于平行宇宙！

每个宇宙都是真实存在的，但我们只能看到发生在我们生活的宇宙中的结果。

我们生活的宇宙不断分裂成新的平行宇宙，这种观点被称为多世界诠释。可能存在一个平行宇宙，那里的恐龙从未灭绝；也可能存在一个平行宇宙，你刚成为第一个踏上火星的人！一些科学家认为可能存在无限数量的平行宇宙，他们称之为多元宇宙。

幽灵粒子

当你阅读这些文字时，数十亿个亚原子粒子正在穿过你的身体，而你却丝毫没有察觉！

这些幽灵般的粒子被称为中微子，它们自大爆炸发生后不到一秒钟就存在了。它们无时无刻不在产生：在太阳的核心、在核反应堆中，甚至在香蕉里！从核聚变到放射性衰变，中微子的产生方式多种多样。这意味着它们无处不在。

罐子里的巨型游泳池

超级神冈中微子探测器被建在日本的一座山下，位于地下一千多米。这个探测器由一个巨大的不锈钢罐子制成，罐子里装满了 50,000,000 千克的水。我们知道，水的化学式是 H_2O，由两个氢原子和一个氧原子组成，所以探测器可以帮助科学家们观察这些原子中是否有任何一个被游离的中微子击中。如果发生这种情况，会产生一道闪光，这道闪光会被罐体内部排列的 13,000 个光探测器中的一个捕捉到。利用这些探测器，科学家们可以追踪中微子的轨迹，以确定它的来源。这可能来自太阳、遥远的恒星，甚至是超大质量的黑洞！

探测器内部的光探测器是由顶端为金色的管子制成的，它们真的让超级神冈探测器大放异彩！

你的味道是什么？

中微子有不同的类型，就像冰激凌的味道一样，分别有电子中微子、μ 子中微子和 τ 子中微子。但奇怪的是，中微子也可以改变它的"味道"。想象一下，你正在吃冰激凌，结果它先从香草味变成了巧克力味，然后又变成了草莓味。没错，中微子在几乎接近光速飞行的过程中就能做到这一点！

超级冷，超级诡异！

当物体变得超级冷时，它会表现出超级诡异的特性。

想象一下东西开始在半空中飘浮，液体沿着墙壁逆流而上的情景！可能的最低温度被称为绝对零度。你知道这是多么令人难以置信的寒冷吗？水的冰点是 0 摄氏度，但绝对零度是零下 273.15 摄氏度。

开尔文温标

科学家使用一种不同的温标来测量变得超冷的物体，这种温标被称为开尔文温标，以提出这一概念的科学家开尔文勋爵的名字命名。绝对零度在开尔文温标下是 0 K（这是"零"K，不是 OK！）。在这个温度下，原子没有热能。要达到这么低的温度是不可能的，但是当接近这个温度时，你可以看到一些奇怪的物理效应。其中一个效应是迈斯纳效应，这种奇怪的现象可以使你在半空中悬浮一块磁铁！

水沸腾：373.15 K

地球上有记录的最高温度——美国死亡谷：329.85 K

水结冰：273.15 K

地球上有记录的最低温度——南极沃斯托克站：183.95 K

绝对零度：0 K

让我们悬浮起来

当温度足够低时，一些金属会变成超导体。

这意味着它们"喜欢"电，但"讨厌"磁。如果你试图将磁铁放在超导体上方，它会推开磁铁。这可以让磁铁在半空中飘浮！科学家称之为磁悬浮。

超流体

当温度达到绝对零度时，大多数液体都已经冻成固体了，但液氦会变成超流体。在超流体中，所有的原子的行为完全相同。它们之间没有任何碰撞或冲突，这意味着超流体可以自己流过吸管，爬上你把它放进的任何容器的壁上，甚至在发现有任何微小的裂缝时，它还会从底部泄漏出来。如果你搅动超流体，它将永远旋转下去！

你的量子世界

你可能认为因为你很大，所以量子物理对你无关紧要。

毕竟，它只是描述微小粒子的行为方式，对吧？然而，你每天使用的许多东西之所以存在，正是因为量子物理！从智能手机到计算机再到购物，我们无时无刻不在需要和使用量子物理。

更多的芯片，拜托

智能手机、计算机和电子设备中都含有大约指甲盖大小的芯片，每个微芯片都包含着数十亿个晶体管。晶体管基本上是一个极小的门，被设计用来让电子通过。当门是开着的时候，电子就会冲过去，当它关闭时，电子就无法通过。当晶体管协同工作时，它们帮助计算机制造比特（即 0 和 1），这使得你的设备能够正常工作。这些晶体管每秒打开和关闭多达 40 亿次，有时甚至更快！

用你的激光束射我吧！

无论是扫描你所购买的商品，还是照亮学校的迪斯科舞厅，许多激光器工作原理都是相似的。电子吸收能量后被激发，然后以光子的形式释放这些额外的能量。这些光子波长相同，可以聚焦成激光束。激光束能够传播到很远的距离，甚至可以直达月球！

量子医生

医生们一直使用量子物理来帮助治疗患者。从可以发现骨折的 X 射线到可以用于治疗某些疾病的 γ 射线，光子都是医生的好帮手！一种叫作"核磁共振扫描仪"的设备利用无线电频率和磁铁来旋转患者体内的质子。当质子转回原位时，就能描绘出患者体内的图像。它甚至可以让医生看到患者大脑内部的情况！

小巧却强大

科学家们利用量子隧穿的奇特现象，制造出了世界上最强大的显微镜。这种显微镜被称为扫描隧穿显微镜，它可以显示出非常微小的东西，甚至可以让你看到原子的样子！

科学事实还是科学幻想？

你是否希望能够瞬移到任意地方，或者像幽灵一样穿墙而过？

量子隧穿

如果你傻到尝试穿过一堵实体墙壁，你的鼻子一定会疼得要命！然而，当一个粒子碰到障碍物时，就会改变粒子的波函数——即粒子可能存在的位置的映射。一个微小的涟漪可以穿过厚度不到一纳米的障碍物，这样你就有很小的机会可以在障碍物的另一侧找到这个粒子。有时，你真的能找到！这种奇怪的现象被称为"量子隧穿"。

可以传送我吗？

粒子能够瞬间传送吗？嗯，并不完全是。但是，不同的粒子可以通过一种被称为量子隐形传态的神秘联系来交换信息。它始于量子纠缠，其中不同粒子的量子态相互关联。粒子的量子态描述了关于它的所有信息。当两个粒子被纠缠在一起时，对其中一个粒子的测量会同时改变它和另一个粒子。而第二个粒子正在做的事情与第一个相反！即使纠缠粒子相隔数十几亿千米，情况也是如此。因此，如果你发现其中一个粒子正在以某种方式旋转，这意味着它的孪生兄弟必须以相反的方式旋转！这种神秘的联系使不同粒子之间的信息交换成为可能。这就是所谓的量子隐形传态。

未来的发明

纳米技术是利用原子和分子来发明超酷东西的技术。

纳米汽车

这些分子大小的汽车装有由巴克球制成的轮子。巴克球是仅由 60 个碳原子组成的足球形状的球体。科学家们希望有朝一日，这些小到足以在你的血液中行驶的纳米汽车，将有助于改变医学。

隐身斗篷

如果你想让自己隐身，纳米技术也许可以帮上忙！科学家现在可以改变物质中原子的排列方式，赋予这些超材料特殊的新能力。从这一页上反弹并击中你的眼睛的光子是你能看到这本书的原因。但在超材料中，原子的结构可以使光子越过和绕过它。这使得这个超材料变得不可见！到目前为止，这仅对无线电波等低波长的光线是可能的，但也许有一天你会穿上一件真正的隐身斗篷！

量子计算机

超快的量子计算机不是普通计算机。普通计算机使用比特（即 0 和 1），但量子计算机使用量子比特！一个量子比特同时是 0 和 1，并且一个量子比特可以同时进行大量复杂的计算。但量子计算机必须保持非常低的温度——比外太空还要冷！

是时候见见这个大家庭了！

你会见到上夸克和下夸克，顶夸克和底夸克，甚至奇异夸克和粲夸克。这些夸克还有不同的"颜色"：红色、绿色和蓝色。

这些"颜色"是科学家们给每种夸克所携带的强相互作用力的"色荷"所起的名字。强相互作用力正是帮助胶子将夸克黏合成更大粒子（如质子和中子）的力。不同"染色的"夸克会相互吸引，因此在每个质子内部，你都会发现一个红色、蓝色和绿色的夸克。

上夸克

顶夸克

奇异夸克

下夸克

底夸克

粲夸克

大型强子对撞机内部

如果你想模拟宇宙刚刚大爆炸之后的样子，那就需要建造一个粒子加速器！

粒子加速器是一个巨大的机器，用于将原子碰撞在一起。现在，让我们环绕世界上最大的以及功率最强的粒子加速器——大型强子对撞机——来兜兜风。它深埋地下，形状像一个巨大的环形甜甜圈，是一条与众不同的赛车道。在这条约 27 千米长的隧道里，你不会看到赛车疾驰而过；取而代之的是朝着相反的方向发射的质子微小束流，一圈又一圈地呼啸而过，速度越来越快，直到几乎接近光速。然后，它们就会撞向对方！

当质子以如此高的速度碰撞在一起时，温度可以达到数万亿摄氏度，并且会激发出新的粒子并释放出来。这很像宇宙最初刚刚大爆炸之后的情况！

科学家认为，在大爆炸之后不久，一种叫作"希格斯场"的东西出现了。正是它赋予像我这样的物质粒子质量。没有质量，构成宇宙中所有物质（包括你在内）的原子就无法形成。这会使宇宙变得有点乏味无趣！

有一种科学家迫切想找到的特殊粒子，最终在大型强子对撞机内被发现！它就是被称为"希格斯玻色子"的神秘粒子，可以证明希格斯场的存在。

神秘的宇宙

我们震撼人心的奇妙之旅即将接近尾声，你可能会认为你已经看到了宇宙的全部。

构成万物的所有粒子，以及让我们看到这一切的光子！但是，每一颗恒星、每一颗行星以及其他我们能看到的万物，加起来还不到宇宙的百分之五。

宇宙的剩余部分下落不明！

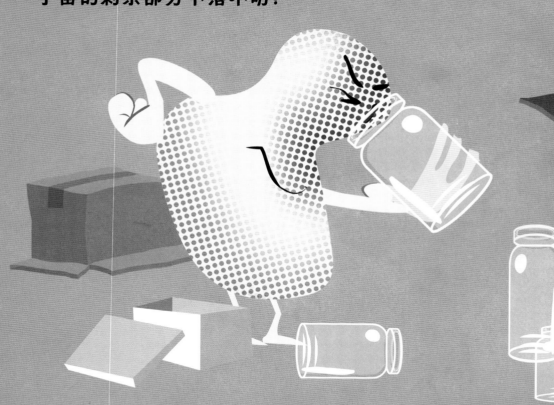

这是一个谜

当科学家们观察恒星如何围绕我们的星系（银河系）运动时，他们发现并没有足够的物质来产生把银河系凝聚在一起的所有引力。这意味着还有一种不可见的物质，他们称之为暗物质！暗物质占宇宙组分的四分之一以上，但科学家们还不知道它到底是什么。

弱相互作用大质量粒子

暗物质既不发射也不反射光，这使得它是不可见的，因此非常难以探测！有些科学家认为暗物质甚至可能是一种全新的粒子，被称为弱相互作用大质量粒子（简称 WIMP）。然而，他们还不确定 WIMP 是否真的存在，因为目前他们还没有任何的发现！

数十亿年后……

宇宙一直在不断变大，并且宇宙的这种膨胀还在加速！但这是为什么呢？科学家们将这种正在拉……伸……宇宙的神秘的力称为暗能量。尽管暗能量占据了宇宙的百分之七十，但科学家们实际上并不知道它到底是什么！如果暗能量继续增强，那么数十亿年后，它甚至可能会撕裂整个宇宙！或者，如果暗能量开始减弱，宇宙将开始收缩。整个宇宙最终可能会缩小到一个微小的点，比我还要小十亿倍……

这真是不可思议！或者，这可能只是全新宇宙的起点……

词汇表

暗物质（dark matter）

一种不可见且类型未知的物质，占宇宙组分的四分之一以上。

超新星（supernova）

当一颗恒星爆炸时产生的天文现象。

大爆炸（Big Bang）

在不到百万分之一秒的时间内，宇宙从一个微小的点膨胀成数十亿千米的广阔空间。

电磁辐射（electromagnetic radiation）

一种以波的形式传播的能量，它包括可见光和 X 射线等。

电子（electron）

带负电荷的粒子，它在原子中绕着原子核高速旋转。

放射性（radioactivity）

当粒子脱离不稳定原子的原子核并释放辐射时发生的现象。

固体（solid）

"硬邦邦的东西"，具有固定的形状和大小；其原子整齐地排列并紧密地堆积在一起。

光子（photon）

光子是光的基本粒子，可以表现得像一种波，传播速度极快。

氦（helium）

宇宙中最早存在的两种原子之一。

核聚变（nuclear fusion）

两个或多个轻原子核聚合成一个较重的原子核的过程，这个过程会释放的大量能量，甚至多于核裂变。

核裂变（nuclear fission）

一个原子核分裂成两个或多个较轻的原子核的过程，这个过程会释放大量能量。

黑洞（black hole）

宇宙中最大的恒星爆炸后留下的东西。

恒星（star）

一个能够产生光和热的巨大的气体球（太阳是距离我们星球最近的恒星）。

绝对零度（absolute zero）

可能的最低温度；可能达到的最冷温度——好冷啊！

夸克（quark）

一种基本粒子，是一种小到不能再小的粒子；质子和中子都是由它组成的。

粒子（particle）

一种极其微小的物质。

气体（gas）

一种没有固定大小或形状的物质，它的原子非常分散，并快速地四处冲撞。

氢（hydrogen）

宇宙中最早存在的两种原子之一。

液体（liquid）

"湿漉漉的东西"，其中的原子相互接触但可以相互滑动。

银河系（Milky Way）

地球所在星系的名称。

引力（gravity）

一种使物体相互拉近的力。

宇宙（universe）

存在的一切：数十亿的星系，数万亿的恒星和无数的行星。

原子（atom）

从一粒沙子到一个人再到太阳，每一个生物和物体都是由原子组成的。

原子核（nucleus）

原子的中心。

质量（mass）

一个物体所含的物质或"东西"的数量。

质子（proton）

原子核中带正电荷的粒子。

中微子（neutrino）

一种"幽灵"粒子，重量几乎为零，速度超快，难以探测。

中子（neutron）

在原子核中发现的一种没有电荷的粒子。

著作权合同登记号：字 18-2024-204

图书在版编目（CIP）数据

这就是量子物理学吗？：宇宙中最小粒子的奇妙之旅 /（英）克里斯托弗·埃奇著；（英）保罗·戴维兹绘；周思益，张宇译 . -- 长沙：湖南少年儿童出版社，2025.2. -- ISBN 978-7-5562-8016-2
Ⅰ . O413-49
中国国家版本馆 CIP 数据核字第 2025DR8104 号

ZHE JIUSHI LIANGZI WULIXUE MA？ YUZHOU ZHONG ZUI XIAO LIZI DE QIMIAO ZHI LÜ

这就是量子物理学吗？ 宇宙中最小粒子的奇妙之旅

[英]克里斯托弗·埃奇◎著　　　[英]保罗·戴维兹◎绘　　　周思益　张宇◎译

责任编辑：张　新　李　炜
策划编辑：王　伟
营销编辑：付　佳　杨　朔　刘子嘉
装帧设计：马睿君

策划出品：李　炜　张苗苗
特约编辑：张晓璐　张丽静
版权支持：王媛媛

出 版 人：刘星保
出　　版：湖南少年儿童出版社
地　　址：湖南省长沙市晚报大道 89 号　　　　邮　　编：410016
电　　话：0731-82196320
常年法律顾问：湖南崇民律师事务所　柳成柱律师
经　　销：新华书店
开　　本：787 mm×1092 mm 1/12　　　印　　刷：北京嘉业印刷厂
字　　数：56 千字　　　　　　　　　　　　印　　张：4
版　　次：2025 年 2 月第 1 版　　　　　　　印　　次：2025 年 2 月第 1 次印刷
书　　号：ISBN 978-7-5562-8016-2　　　　定　　价：48.00 元

若有质量问题，请致电质量监督电话：010-59096394　　　团购电话：010-59320018

希望你喜欢这次的量子宇宙之旅，别忘了在日常生活中继续你的探索！